AF322235

RECHERCHES

SUR L'ACTION THÉRAPEUTIQUE

DE

L'HYPOSULFITE DE SOUDE,

POUR SERVIR A DÉTERMINER

LES MODIFICATIONS QUE SUBISSENT DANS LEURS PROPRIÉTÉS
MÉDICALES LES EAUX MINÉRALES SULFUREUSES,
ALTÉRÉES PAR LE CONTACT DE L'AIR
ATMOSPHÉRIQUE,

PAR

Alph. Dupasquier,

Professeur de chimie à l'École de médecine de Lyon et à l'École Lamartinière,
Médecin de l'Hôtel-Dieu de Lyon, Doyen du Jury médical du
département du Rhône, membre du Conseil de salubrité,
Chevalier de la Légion-d'Honneur, etc.

LYON.
IMPRIMERIE DE DUMOULIN, RONET ET SIBUET.
Quai Saint-Antoine, n° 33.

1843

Lyon — Imp. Dumoulin, Ronet et Sibuet

RECHERCHES

SUR L'ACTION THÉRAPEUTIQUE

DE L'HYPOSULFITE DE SOUDE,

POUR SERVIR A DÉTERMINER

LES MODIFICATIONS QUE SUBISSENT DANS LEURS PROPRIÉTÉS MÉDICALES LES EAUX MINÉRALES SULFUREUSES, ALTÉRÉES PAR LE CONTACT DE L'AIR ATMOSPHÉRIQUE.

Les eaux minérales dites *sulfureuses*, d'après l'opinion unanime des médecins, doivent essentiellement leurs propriétés thérapeutiques aux *principes sulfureux* qu'elles tiennent en solution : tous les praticiens paraissent être également d'accord pour reconnaître que leur énergie médicatrice est en raison directe de la proportion de ces mêmes principes.

Par l'expression générique de *principes sulfureux*, on désigne généralement les composés suivants :

1^0 *L'hydrogène sulfuré* ou *acide sulfhydrique* ;

2^0 Les *sulfures* ou *sulfhydrates alcalins* et les *sulfhydrates de sulfures*. L'existence de ces composés dans les eaux minérales est facilement reconnaissable à leur

4

odeur infecte et à leur saveur désagréable *d'œufs pourris* (*odeur et saveur hépatiques*).

Quand les eaux sulfureuses sont exposées au contact de l'air, elles subissent en peu de temps une altération profonde dans leur composition chimique : l'acide sulfhydrique, en absorbant de l'oxygène, se change en eau et en soufre qui se précipite à l'état d'hydrate; les sulfhydrates ou sulfures alcalins, et les sulfhydrates de sulfures, donnent lieu également à une précipitation de soufre, en même temps qu'il se forme de petites quantités d'hyposulfites qui restent en solution à leur place.

Les eaux sulfureuses ainsi altérées, quand la décomposition des principes hépatiques est complète, n'ont plus l'odeur et la saveur désagréables qui les caractérisent. Si la proportion du soufre précipité dans ces eaux s'élève à 2, 3, 4 ou 5 centigrammes par litre, ce qui est généralement le maximum, elles prennent une apparence un peu lactescente ou au moins opaline, due à la division extrême du soufre tenu en suspension. Ce trouble disparaît par un repos de plusieurs jours qui amène la précipitation complète du soufre. Si la proportion de ce corps séparé par l'oxygène atmosphérique est beaucoup moindre, l'eau reste limpide, la quantité de ce soufre hydraté étant trop minime pour en troubler la transparence.

Les médecins spéciaux qui président à l'administration des eaux sulfureuses, considèrent généralement, et avec raison, cette altération comme très-fâcheuse; ils prennent, en conséquence, toutes les précautions nécessaires pour la prévenir, persuadés qu'ils sont, que les propriétés thérapeutiques de ces eaux sont considérablement atténuées, si elles ne sont pas détruites par cette dégénérescence.

Cette opinion qui, je le répète, est générale, a cependant trouvé un contradicteur dans M. Vulfranc Gerdy, inspecteur des eaux minérales d'Uriage (Isère). Ce médecin considère même la formation du soufre hydraté comme une circonstance *utile, nécessaire;* il pense aussi qu'on doit comprendre les *hyposulfites* parmi les principes minéralisateurs appelés sulfureux ou hépatiques.

J'ai combattu cette opinion comme erronée, comme contraire au raisonnement aussi bien qu'à l'expérience.

N'est-il pas évident, en effet, à l'égard de la précipitation du soufre, que ce corps devenu insoluble, s'il n'est pas absolument sans action, ne saurait agir avec la même énergie que lorsqu'il fait partie, comme élément, de l'acide sulfhydrique et des sulfures alcalins, composés solubles, d'une absorption très-facile et dont les propriétés thérapeutiques et même toxiques sont extrêmement prononcées! — C'est là, je crois, une vérité qui n'a pas besoin de démonstration.

Quant à l'influence thérapeutique des hyposulfites alcalins, elle n'est pas, ou du moins elle est mal connue. M. Gerdy n'est cependant pas le premier qui ait pensé à les assimiler à l'acide sulfhydrique et aux sulfures alcalins. On sait que Chaussier recommandait l'emploi d'une solution aqueuse de deux scrupules à un gros (2 à 4 grammes) d'hyposulfite de soude pour remplacer les eaux minérales sulfureuses. Tout récemment encore, les annonces des journaux ont appris au public que M. le docteur Quesneville préparait un SIROP D'HYPOSULFITE DE SOUDE, *sans odeur ni saveur sulfurée, pour remplacer, à l'intérieur comme à l'extérieur, les eaux sulfureuses naturelles, et celles d'Enghien en particulier* (1).

Cette opinion, d'après laquelle l'hyposulfite de soude, et par conséquent les autres hyposulfites alcalins, devraient être assimilés aux principes sulfureux, d'où tire-t-elle son origine? sur quelle base la fait-on reposer? — Sans doute elle est fondée sur ce fait, que pour préparer ces sels on fait absorber une assez forte proportion de soufre par les sulfites, ce qui les a fait appeler d'abord *sulfites sulfurés.*

Mais cette manière de considérer les hyposulfites est contraire aux analogies naturelles de ces sels ; car les *hyposulfites* sont comme les *sulfates,* des combinaisons *très-stables* d'un oxacide avec une base, combinaisons sans odeur, sans saveur hépatique, et qui s'éloignent d'ailleurs de l'acide sulfhydrique et des sulfures autant par leurs propriétés chimiques que par leurs caractères physiques. Si donc il y avait lieu d'assimiler les hyposulfites à d'autres composés sulfureux, c'était certaine-

---

(1) Par des expériences toutes récentes, j'ai acquis la certitude que les eaux d'Enghien ne contiennent pas d'hyposulfites : l'eau du réservoir où se réunissent trois sources de *la Pécherie* en a seule présenté une trace.

ment aux sulfates, dont ils se rapprochent le plus, et non à l'acide sulfhydrique et aux sulfures, qui sont d'ailleurs de violents poisons. Or, les sulfates alcalins n'agissent en aucune manière par le soufre qu'ils tiennent en combinaison, et comme principes sulfureux : ils ne sont, comme on sait, nullement vénéneux, et peuvent être administrés à haute dose (de 30 à 60 gram.) sans amener d'autre résultat qu'une douce purgation, dont les effets varient suivant le tempérament, l'âge, le sexe et la susceptibilité individuelle des personnes qui en font usage.

Les analogies, il est vrai, et le raisonnement, s'ils peuvent quelquefois servir de guides dans l'emploi des agents thérapeutiques, n'ont pas en définitive une valeur absolue, et doivent toujours céder devant l'expérience et devant l'observation.

Telle est la raison qui m'a déterminé à expérimenter l'action thérapeutique des hyposulfites : c'était, en effet, le seul moyen de reconnaître si l'importance qu'on attribue à ces sels, en les assimilant aux véritables principes sulfureux, est bien fondée. L'hyposulfite de soude étant celui de ces sels qu'on trouve le plus généralement dans les eaux minérales, c'est cet hyposulfite que j'ai soumis à l'expérimentation clinique. — Après m'être assuré par quelques essais préalables, à petites doses, que ce sel, comme tout portait à le croire, n'est nullement vénéneux, je l'ai administré à la place du sulfate de soude et aux mêmes doses que ce sel neutre, à un assez grand nombre de malades, dans des conditions très-diverses. Dans tous les cas, l'hyposulfite de soude a montré la même action et produit les mêmes effets que le sulfate de la même base. C'est ce dont on peut s'assurer par l'examen du tableau suivant, dressé par M. Laugier, interne distingué de l'Hôtel-Dieu de Lyon, d'après les observations qu'il avait recueillies dans mon service des *deuxièmes femmes fiévreuses*.

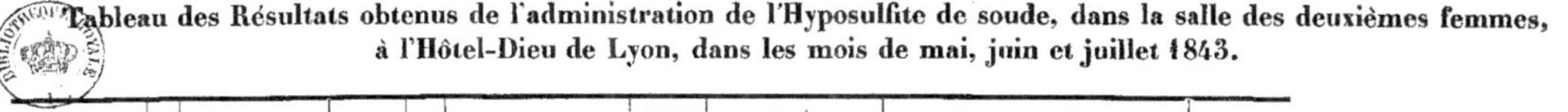

Tableau des Résultats obtenus de l'administration de l'Hyposulfite de soude, dans la salle des deuxièmes femmes, à l'Hôtel-Dieu de Lyon, dans les mois de mai, juin et juillet 1843.

NOMS DES MALADES.	AGES.	PAYS.	JOURS D'ENTRÉE.	Nos DES LITS.	MALADIES.	JOURS de L'ADMINISTRATION du remède.	DURÉE DE LA CONSTIPATION.	MODE D'ADMINISTRATION.	EFFETS PRODUITS.
Françoise Gronier.	33	Villié (Rhône).	7 mai.	111	Hypertrophie du cœur.	18 mai.	Constipation de plus. jours.	Lavement de mauve avec hyposulfite de soude, 30gr.	Demi-heure après, une forte selle et quelques coliques.
Idem.	»	»	»	»	»	20 mai.	Pas de selle depuis 2 jours.	Lavement Idem.	Une selle copieuse, pas de coliques.
Idem.	»	»	»	»	»	22 mai.	Pas de selle depuis le 20.	Lavement Idem.	Une selle très copieuse et quelques légères coliques.
Marie Dilain.	58	Mézel (Puy-de-Dôme).	15 mai.	92	Rhumatisme articul. chroniq.	21 mai.	Constipation de 3 jours.	Lavement de mauve et hyposulfite de soude, 30 gr.	Peu après, une selle copieuse suivie de coliques assez fortes.
Idem.	»	»	»	»	»	22 mai.	. . . .	Lavement Idem.	Le lavement est rendu sans amener des matières et cause quelques coliques.
Idem.	»	»	»	»	»	26 mai.	Pas de selle depuis 2 jours.	Lavement Idem.	Une selle assez copieuse, coliques fugaces qui suivent.
Jeanne-Marie Baron.	45	Guillotière (Rhône).	17 mai.	121	Fièvre intermittente quotid.	21 mai.	Constipation de 3 jours.	Lavement de mauve et hyposulfite de soude 30 gr.	Une heure après le lavement, trois selles, précédées et suivies de légères coliques.
Idem.	»	»	»	»	dispepsie.	23 mai.	Pas de selle depuis le 21.	Lavement Idem.	Le lavement administré à midi, a été gardé jusqu'à sept heures du soir, et a procuré alors quatre selles peu copieuses.
Marie Saby.	47	Craponne (H.-Loire).	1 mai.	122	Cancer de l'utérus.	23 mai.	Constipation.	Hyposulfite, 30 gr. dans bouillon d'herbes, en 3 fois.	Une heure après l'administration, quatre selles abondantes et sans coliques ni nausées.
Idem.	»	»	»	»	»	23 juin.	Constipation.	Même mode d'administration.	Deux selles à la suite de légères coliques.
Marguerite Chevalier.	24	La Chapelle (Isère).	22 février.	94	Rhumatisme chronique.	26 mai.	Constipation de plus. jours.	Hyposulfite, 30 gr., dans bouillon d'herbes.	Effet purgatif une demi-heure après, deux selles peu abondantes, quelques nausées, pas de coliques.
Louise Besson.	37	Vienne (Isère).	23 mai.	101	Cancer de l'utérus.	27 mai.	Constipation de 5 jours.	Lavement de mauve et hyposulfite 30 grammes.	Peu après, une très petite selle, pas de coliques.
Antoinette Margue.	17	Lyon.	24 mai.	125	Chlorose.	29 mai.	Constipation.	Lavement de mauve et hyposulfite 30 grammes.	Deux selles assez fortes, suivies de coliques qui durent peu.
Julienne Crolet.	62	Sermilieux (Isère).	15 mai.	90	Érysipèle à la face.	29 mai.	Constipation.	Hyposulf. 30 gr., dans bouillon d'herbes, en 3 fois.	Pris à quatre heures du matin, suivi de sécheresse à la bouche, de nausées, d'éructations, de quelques coliques; à 6 heures et demie, trois selles copieuses.
Claudine Chabortet.	21	Trezieux (P.-de-Dôme).	28 mai.	131	Rhumatisme aigu.	12 juin.	Pas de selle depuis 3 jours.	Lavement de mauve et hyposulfite, 30 grammes.	Une heure après l'administration, une selle très copieuse sans coliques.
Victoire Terrillon.	66	Chatillon (Côte-d'Or).	5 mai.	136	Catarrhe pulmonaire chron.	12 juin.	Constipation.	Hyposulfite, 30 gr., dans bouillon d'herbes.	Une heure après l'administration elle vomit; trois heures après elle a quatre selles abondantes, précédées d'assez fortes coliques.
Idem.	»	»	»	»	»	15 juin.	Pas de selle depuis le 12.	Hyposulfite 30 gr., dans bouillon d'herbes.	Le remède est vomi presque immédiatement après qu'il a été pris, et ne procure pas de selles.
Idem.	»	»	»	»	»	10 juillet.	. . . .	Mauve 80 gr., dans infusion de rhubarbe.	Ce purgatif est vomi et ne purge pas.
Françoise Tollet.	45	Lyon.	25 avril.	102	Épilepsie.	7 juillet.	Constipation.	Hyposulfite 30 gr., dans eau gazeuse.	Effet purgatif trois heures après l'administration du remède; six à sept selles précédées de quelques coliques.
Roine Thelière.	55	Bas (Haute-Loire).	13 juin.	101	Syphilis constitutionnelle.	14 juin.	Pas de selle depuis 4 jours.	Hyposulfite 18 gr., dans eau gazeuse.	La malade a eu quelques nausées, quelques borborygmes, mais pas de selles.
Jeanne Jacquis.	26	(Saône-et-Loire).	2 juillet.	90	Suites de couches.	16 juillet.	Constipation de 12 jours.	Lavement avec hyposulfite, 45 grammes.	Une heure après, une selle peu copieuse avec quelques légères coliques.
Idem.	»	»	»	»	»	18 juillet.	Pas de selle depuis le 16.	Lavement avec hyposulfite, 45 grammes.	Le lavement est rendu presque sans matières, et quatre heures après avoir été pris, il a donné d'assez vives coliques.
Idem.	»	»	»	»	»	20 juillet.	. . . .	Lavement avec séné, 60 grammes.	Deux selles peu copieuses et quelques coliques.
Antoinette Bonnel.	21	Combat (P.-de-Dôme).	14 juin.	112	Chlorose aménorrhée.	17 juillet.	Constipation de 3 jours.	Lavement avec mauve et hyposulfite 30 grammes.	Une selle abondante, une heure après, précédée et suivie de légères coliques.
Marguerite Galot.	47	Sigy (Saône-et-Loire).	16 juillet.	121	Coup de sang.	19 juillet.	Constipation de 3 jours.	Hyposulfite 30 gr., dans eau gazeuse.	Une heure et demie après, quatre selles assez fortes sans coliques ni nausées.
Idem.	»	»	»	»	»	25 juillet.	Pas de selle depuis le 21.	Hyposulfite 30 gr., idem.	Une heure après, effet purgatif, cinq selles sans coliques ni nausées.
Idem.	»	»	»	»	»	27 juillet.	Pas de selle depuis le 25.	Hyposulfite 30 gr., idem.	Le remède est vomi presque immédiatement après son administration. Il ne procure pas de selle. Le 28, la malade n'en éprouve aucun malaise.
Jeanne Aventurier.	32	Saint-Étienne (Loire).	10 juillet.	126	Cancer de l'estomac.	19 juillet.	Constipation de 12 jours.	Lavement avec 30 grammes hyposulfite.	Quelques borborygmes, le lavement n'est pas rendu.
Idem.	»	»	»	»	»	20 juillet.	. . . .	Lavement avec 45 grammes hyposulfite.	Une demi-heure après le lavement, deux selles copieuses précédées de coliques.
Claire Gagnon.	24	Amsterdam.	18 juillet.	103	Aménorrhée.	22 juillet.	Constipation de 4 jours.	Hyposulfite 30 gr., dans eau gazeuse.	Coliques assez vives; effet purgatif deux heures après l'administration du remède; six selles peu abondantes.
Magdeleine Launay.	38	St-Côme (S.-et-Loire).	4 juillet.	129	Pleuro-pneumonie.	24 juin.	Constipation de 6 jours.	Lavement avec hyposulfite 30 grammes.	Une heure après, une très petite selle.
Claudine Dumontet.	22	St-Symphorien (S.-et-L.)	2 juillet.	91	Gastro-entérite.	25 juillet.	Constipation de 5 jours.	Lavement avec hyposulfite 30 grammes.	Demi heure après, une selle très copieuse, sans coliques.
Marie Metrat.	25	Lent (Ain).	24 juillet.	118	Phthisie au premier degré.	25 juillet.	Constipation de 4 ours.	Lavement avec hyposulfite 30 grammes.	Demi heure après, deux selles peu copieuses.

Les résultats consignés dans ce tableau démontrent de la manière la plus nette et la plus évidente : 1° que l'hyposulfite de soude n'est nullement vénéneux ; 2° qu'il ne peut être assimilé à l'acide sulfhydrique et aux sulfures alcalins qui sont de violents poisons ; 3° qu'il agit simplement comme un purgatif salin, quand on l'administre soit à l'intérieur, soit en lavement, dans les mêmes circonstances et aux mêmes doses que le sulfate de soude ; 4° enfin, qu'il doit être assimilé, relativement à son action thérapeutique, au sulfate de soude et aux autres sels neutres alcalins, c'est-à-dire aux sels simplement purgatifs.

En effet :

L'hyposulfite de soude a été administré 16 fois en lavement, à la dose de 30 grammes, chez des femmes atteintes de maladies très-diverses, et pour combattre leur état de constipation.

Dans 2 cas il n'a pas déterminé de selles ;
     9 fois il n'en a produit qu'une ;
     2 fois il a déterminé deux selles ;
     2 fois son administration a été suivie de trois selles ;
     1 fois il y en a eu quatre.

Donné trois fois à la dose de 45 grammes dans un lavement, il n'a guère produit plus d'effet qu'à celle de 30 grammes. Dans un cas même, cette dose de 45 grammes n'a pas déterminé de selles, et il a fallu administrer une infusion de 60 grammes de séné pour en obtenir.

Donné cinq fois à la dose de 30 grammes dans du bouillon aux herbes (c'est-à-dire introduit dans l'estomac), son administration n'a amené que de deux à quatre selles au plus. Dissous dans de l'eau gazeuse, toujours à la dose de 30 grammes, il n'a pas produit d'autre action que celle de l'eau de sedlitz artificielle contenant une égale quantité de sulfate de soude.

Quelquefois les malades ont éprouvé des nausées ; souvent des coliques légères, et dans peu de cas, assez vives. Quelquefois l'hyposulfite a été vomi comme le sont d'autres purgatifs, et le sulfate de soude lui-même, soit en totalité et sans effet purgatif, soit seulement en partie, et alors avec un effet purgatif manifesté plus tard.

Le temps nécessaire pour déterminer l'effet purgatif a varié suivant la susceptibilité des malades, mais n'a pas présenté de différences avec ce qui se remarque ordinairement à la suite de l'administration du sulfate de soude. Du reste, il en a été de même des suites de l'administration de l'hyposulfite de soude. L'effet purgatif produit, les malades n'ont éprouvé aucun malaise qu'on pût attribuer à l'action du médicament.

Il reste donc bien démontré par ces expériences, expériences trop nombreuses et trop concordantes pour qu'on puisse douter de l'exactitude de leur résultat : que l'hyposulfite de soude n'agit pas autrement que le sulfate de soude et les autres sels neutres alcalins.

Cela étant bien établi, n'est-il pas démontré aussi que l'hyposulfite de soude et les autres hyposulfites alcalins ne doivent pas être compris parmi les principes dits sulfureux des eaux minérales, mais bien parmi les principes salins. Comment, en effet, pourrait-on assimiler les hyposulfites alcalins, sels sans odeur et sans saveur hépatiques, sels qui peuvent être pris à l'intérieur, sans le moindre inconvénient, à la dose énorme de 30 à 45 grammes, et certainement au-delà, à l'acide sulfhydrique et aux sulfures alcalins qui sont classés parmi les poisons les plus énergiques, même à des doses très-faibles (1).

(1) L'acide sulfhydrique, soit gazeux, soit en solution dans l'eau, est absorbé quand on l'introduit dans l'estomac, dans le gros intestin, ou sous la peau, et ne tarde pas à exercer une action stupéfiante et mortelle sur le système nerveux. Ainsi les animaux périssent promptement quand on injecte du gaz acide sulfhydrique dans le rectum, dans la plèvre, dans le tissu cellulaire, ou seulement quand on plonge leur corps dans le gaz, ou même un seul de leurs membres, sans le leur faire respirer. (*Expériences de Chaussier et de Nysten.*)

Quant aux sulfures ou sulfhydrates alcalins, on sait qu'ils agissent à la manière des poisons irritants et peuvent déterminer la mort dans l'espace de quelques heures, quand ils sont administrés à la dose de quelques grammes, soit à l'état solide, soit en solution concentrée, quand ils ne sont pas rejetés par le vomissement peu de temps après leur ingestion. — Ces sels, très-facilement décomposables, agissent localement à la manière des alcalis caustiques, et secondairement après leur absorption, comme l'acide sulfhydrique. L'action caustique des sulfures alcalins est tellement énergique que, depuis quelque temps on les emploie pour opérer le dépilage des peaux destinées à être changées en cuirs.

CONCLUSION.

De tout ce qui précède, on doit nécessairement conclure :

1º Que l'hyposulfite de soude n'est nullement vénéneux, et qu'on peut l'administrer à l'intérieur à la dose de 30 à 45 grammes, sans le moindre inconvénient ;

2º Que l'hyposulfite de soude n'agit pas autrement que le sulfate de soude, le sulfate de potasse et les autres sels neutres alcalins; qu'il purge anx mêmes doses et en produisant des effets analogues;

3º Que l'hyposulfite de soude, et par conséquent les hyposulfites alcalins en général, ne peuvent être assimilés aux principes dit sulfureux ou hépatiques des eaux minérales, lesquelles agissent malgré leur faible proportion, parce qu'ils sont de violents poisons, mais qu'on doit les ranger parmi leurs principes salins et purgatifs ;

4º Que les préparations qui ont pour base l'hyposulfite de soude ne doivent pas être administrées comme des médicaments équivalents des eaux minérales sulfureuses dont elles ne possèdent nullement les propriétés thérapeutiques ; que ces préparations, en effet, ne peuvent être rapprochées, sous ce rapport, que de l'eau de Sedlitz artificielle et des composés salins et purgatifs analogues;

5º Que les eaux sulfureuses dégénérées au contact de

l'air, ne possèdent plus les propriétés qu'elles avaient avant leur altération par l'oxygène atmosphérique;

6° Enfin, qu'on doit continuer à prendre toutes les précautions possibles pour préserver les eaux minérales sulfureuses du contact de l'air, c'est-à-dire de l'affaiblissement ou de la destruction de leurs principes hépatiques, puisqu'il reste bien démontré que les changements chimiques produits par l'influence de l'atmosphère modifient profondément, s'ils ne changent tout-à-fait, leurs propriétés thérapeutiques, ou leur action médicamenteuse.